La lactancia materna como factor preventivo de obesidad en la primera infancia.

Ana Mª Cutilla Muñoz

Mª de los Ángeles Cutilla Muñoz

Patricia Gilart Cantizano

©Ana Mª Cutilla Muñoz, Patricia Gilart Cantizano, Mª
Ángeles Cutilla Muñoz, 29 Agosto, 2012
1ª edición
ISBN: 978-1-291-05542-9
Impreso en España/ Printed in Spain
Publicado por Lulu

Esta obra está dedicada a todas esas madres que quieren lo mejor para sus hijos.

ÍNDICE

- INSTRUMENTOS DE MEDIDA
- MEMORIA ECONÓMICA
- RECURSOS
- TEMPORALIZACIÓN

Resumen:

La obesidad es un problema sanitario de gran importancia que puede desembocar en graves repercusiones indeseables para el niño, la familia y la comunidad. Presenta carácter crónico, prevalencia creciente en nuestro medio y rebeldía al tratamiento.

Se necesita un abordaje multidisciplinar si pretendemos disminuir o eliminar los problemas asociados a la misma a lo largo de la vida del paciente.

Por ello pasa el centrarnos no solo en intervenir el problema de obesidad una vez instaurado, sino también en prevenir la aparición del mismo utilizando medidas tan sencillas y de bajo coste como es la lactancia materna.

Definiciones comúnmente aceptadas de la obesidad en la infancia incluyen como parámetro principal el exceso de peso del 20% por encima del "ideal" para su edad, sexo y talla.

Objetivo:

Consistiría en reducir la prevalencia de obesidad en la primera infancia mediante el fomento y mantenimiento satisfactorio de la Lactancia Materna y comparar las incidencias de dicho problema entre un grupo de niños que fueron amamantados y otro de niños que no lo fueron.

Material y método:

Formaremos dos grupos de niños de entre todos los nacidos en el Hospital de Jerez durante el segundo semestre de 2007.

Uno estará formado por aquellos cuyas madres decidieron y consiguieron establecer una LM satisfactoria durante al menos los 6 primeros meses de vida del niño, y el otro grupo estará formado por los que no fueron amamantados, bien por decisión materna u otros motivos diversos.

Este dato lo obtendremos mediante contacto telefónico con la madre a los 6 meses tras el parto.

Ambos grupos serán seguidos en el tiempo mediante exámenes de salud en las consultas de niño sano y vacunaciones hasta los 6-7 años de edad, con lo que nos encontramos ante un estudio analítico observacional de tipo prospectivo.

Tras esto se observarán gradualmente los efectos que se puedan producir sobre las variables dependientes: talla, peso y comorbilidades

Palabras clave:

Obesidad infantil, Lactancia materna, Prevalencia y Prevención.

Antecedentes y justificación

Si nos basamos en los datos obtenidos durante los últimos años, observaremos que más de 50% de los españoles sufren un exceso de peso, ya sea sobrepeso u obesidad.

Esto no hace sino dirigir a esta población hacia un mayor riesgo de padecer enfermedades asociadas, muy graves y con una gran morbimortalidad, como son la Diabetes Mellitus tipo 1, la Hipertensión Arterial, la Hipercolesterolemia y la Hiperuricemia principalmente, lo que hace que dicho problema sea de gran importancia sanitaria y comunitaria.

La obesidad es un exceso de tejido adiposo que nos hace aumentar el peso corporal más allá del adecuado para la talla, sexo y edad y que definiremos cuando el IMC es mayor de 30 (sobrepeso cuando IMC está entre 25-30), basándonos en la mayoría de los estudios epidemiológicos actuales.

Se trata pues de una enfermedad de carácter crónico que puede desembocar en graves repercusiones y con una prevalencia que aumenta conforme pasan los años.

Si bien, el tratamiento de la obesidad es importante, complicado y debe garantizar un abordaje multifactorial, la solución no pasa únicamente por tratar el problema ya instaurado, sino de erradicarlo desde su inicio, poniendo en marcha métodos preventivos, identificando grupos de riesgo y proponiendo estrategias preventivas dirigidas a la población en general.

Una de ellas consistiría en evitar la obesidad desde la infancia, ya que reconocido queda que dicho problema está relacionado con el desarrollo de la obesidad en la vida posterior en países desarrollados como el nuestro debido a la mejoría del nivel de vida. Definiciones comúnmente aceptadas de la obesidad en la infancia incluyen como parámetro principal el exceso de peso del 20% por encima del "ideal" para su edad, sexo y talla.

Es bien sabido que el sobrepeso y la obesidad en la infancia tienen una repercusión relevante sobre la salud física y psicosocial como determinadas enfermedades crónicas, menor autoestima, inseguridad y/o discriminación escolar y social.

Todo ello, demostrado por revisiones Cochrane[1] de diversos estudios, empeora significativamente la calidad de vida de los niños y favorecen la creciente prevalencia del problema en la etapa adulta, es decir, anomalías iniciadas en la niñez terminan desembocando en graves consecuencias que caracterizan a la obesidad de inicio en la edad adulta.

Como dijimos anteriormente, la intención de estudiar e influir sobre la aparición del problema de sobrepeso y obesidad en la infancia mediante intervenciones basadas en la prevención llevará a una mayor calidad de vida en la niñez y etapas posteriores de la vida.

La prevención del sobrepeso y la obesidad es tarea de difícil consecución sobre todo en una población que aún no es consciente de los problemas que se originarán a largo plazo. Por eso, a parte de incidir en los siempre fundamentales cambios de hábitos y conductas en el seno familiar, es una intervención a proponer y que pueda servir de base protectora a posteriori, el mantenimiento como alimentación inicial en la vida del ser humano de la lactancia materna exclusiva.

Este amamantamiento deberá extenderse durante los seis primeros meses, tal y como se concluye en una revisión Cochrane[2] sobre el tema, donde además se objetiva una menor morbilidad por infecciones gastrointestinales y no se demuestra la existencia de déficit de crecimiento entre lactantes de países en vías de desarrollo o desarrollados alimentados con lactancia materna.

"Según la evidencia disponible no se muestra ningún riesgo evidente en recomendar, como política general, la lactancia materna exclusiva durante los primeros seis meses de vida en lugares que pertenezcan a países en vías de desarrollo y países desarrollados"
(Biblioteca Cochrane Plus, 2007 Número 1)

La Lactancia Materna aporta grandes beneficios tanto para la madre como para el desarrollo y crecimiento del bebé.

Además de aportar proteínas, grasas, carbohidratos, vitaminas y minerales contiene unas sustancias biológicamente activas (factores bioactivos), que modulan el metabolismo facilitando el proceso de crecimiento y desarrollo y otros factores que colaboran en la defensa contra los antígenos extraños y agentes infecciosos protegiéndole contra futuras enfermedades como el asma, la alergia o la obesidad entre otras.

Incidimos hoy en el factor protector de la Lactancia Materna ante el desarrollo de obesidad en la vida posterior, efecto demostrado por estudios, como por ejemplo *Owen y cols. 2005 y Taveras, EM. y cols. 2004* donde se observa que la LM disminuye dicho problema.

También destaca el efecto de confusión que ejercen determinadas variables y que aconseja llevar a estudio como por ejemplo, el peso materno previo y el ganado durante el embarazo y que se estudian en otros trabajos como *Li, C. y cols. 2005,* con una muestra de 2636 sujetos donde se concluye que las mujeres obesas o que ganaron demasiado peso durante el embarazo tenían un mayor riesgo de tener hijos que finalmente acabaran siendo obesos.

Asimismo lo relacionaba con la duración del amamantamiento y afirma que una lactancia fallida o menor de 4 meses de duración conlleva un mayor riesgo de padecer obesidad en la infancia.

Esto mismo, es objeto de estudio en un trabajo de Backer, JL. y cols. 2004, donde con una muestra de 3768 sujetos relaciona el peso materno y la duración de la LM con el momento de introducción de la alimentación complementaria, y en el que llega a las mismas conclusiones del estudio anterior afirmando además que la introducción temprana de los alimentos es proporcional a un mayor riesgo de ganancia de peso en la infancia.

El hecho de que el IMC anterior al embarazo o peso ganado durante el mismo produzcan un efecto negativo en la duración del amamantamiento parece ser debido a una mayor dificultad a la hora de colocar adecuadamente al bebe al pecho según Li, R. y cols. 2003.

Esta asociación negativa entre el peso materno y la duración de la LM es independiente de factores socioeconómicos y demográficos según Oddy, WH. y cols. 2006.

En otro estudio publicado por Mayers-Davis, EJ. y cols. 2006 y donde se estudian 15253 niños y niñas se relaciona el peso materno elevado y la presencia de

enfermedades como la Diabetes Mellitus
materna con la LM, concluyéndose que el
amamantamiento está inversamente
asociado con la obesidad en la infancia
independientemente de la DM o el peso
materno.

Por otro lado, una LM prolongada,
exclusiva y total se determina como factor
protector independiente contra el riesgo de
padecer Diabetes Mellitus tipo 1 según
Sadauskaite-Kuehnev y cols. 2004.

En las conclusiones aportadas por una
publicación de Bogen, DL. y cols. 2004 se
afirma que la LM disminuye el riesgo de
obesidad en niños de 4 años sólo con las
siguientes características: raza caucásica,
madre no fumadora y sólo cuando la LM
exclusiva no sea inferior a 16 semanas o
mixta no inferior a 26 semanas.

Prolongar la LM todo el tiempo posible parece ser beneficioso para disminuir el riesgo de padecer obesidad en un futuro, o eso es al menos las conclusiones a las que llegan varios artículos publicados como Hediger, M-L. y cols. 2001 así como Grummer-Strawn, LM. y cols. 2004, matizando el primero de ellos que por si sólo el amamantamiento no es tan eficaz como la influencia sobre hábitos familiares, actividad física etc..., aunque continúa recomendándola.

Asimismo encontramos publicaciones (Burke, V. y cols. 2005) donde se asevera que determinados factores familiares pueden modificar la asociación entre el amamantamiento y la obesidad más allá de la infancia, aunque por otro lado relaciona directamente un aumento de riesgo de obesidad con una LM menor de 4 meses.

En otro estudio longitudinal (Kalies, H. y cols. 2005) se terminó concluyendo que la duración de la LM exclusiva es inversamente proporcional al riesgo de ganar peso en la infancia, ya que los niños alimentados con pecho durante un mes tenían dos veces más riesgo de padecer obesidad en comparación con los amamantados durante 6 meses.

En definitiva, la gran mayoría que estudios encontrados muestran unos resultados teniendo en cuenta algunas o muchas de las variables que pueden intervenir en el desarrollo o no del problema cuando lo relacionamos con la Lactancia Materna.

Sabiendo cómo determinados factores afectan a la relación a estudiar, la intención de mi trabajo es aislar mi muestra de todos esos factores de confusión al máximo para observar en el tiempo qué ocurre en la prevalencia de la obesidad en la primera infancia, obteniendo una relación lo más directa posible entre el amamantamiento seguido durante el tiempo recomendado y la aparición o no de obesidad en el niño.

Objetivos

- OBJETIVO GENERAL

→ Disminuir la prevalencia de obesidad infantil entre los niños sujetos a estudio mediante el fomento de la Lactancia materna (LM)

- OBJETIVOS ESPECÍFICOS

→ Fomentar la Lactancia materna

→ Comparar la incidencia de obesidad infantil entre los hijos de las mujeres que amamantaron exclusivamente durante al menos los 6 primeros meses de vida y la de las que no lo consiguieron o decidieron no lactar desde el principio

→ Reducir la aparición de comorbilidades derivadas de la obesidad infantil

Hipòtesis

El fomento y apoyo de la Lactancia Materna durante el puerperio y el mantenimiento exclusivo y satisfactorio de la misma durante al menos los 6 primeros meses de vida del bebé reduce el riesgo de padecer problemas de obesidad en la primera infancia

Variables

- VARIABLES DEPENDIENTES

→ Cuantitativas:

- Peso
- Talla

→ Cualitativas:

- Comorbilidades:
  - DMID
  - HTA

- VARIABLES INDEPENDIENTES

→ Fomento y apoyo de la LM: se
pretende estudiar como se modifican
las variables dependientes en función
de que se consiga o no una LM
satisfactoria

- VARIABLES DEMOGRÁFICAS

→ Historia familiar de obesidad
(materno/resto familiares)

→ Hábitos de vida familiar
(tóxicos/actividad/alimentación)

→ Nivel socioeconómico

→ Raza

Tipo de investigación

Se trata de estudiar si el tipo de lactancia seguida favorece o no la aparición de obesidad en la infancia.

Por tanto trataríamos un estudio analítico observacional de tipo prospectivo donde se dividirán a los individuos en dos categorías dependiendo si han lactado o no durante al menos los 6 primeros meses de vida de forma exclusiva (según recomendaciones de la OMS).

Esta información la obtendremos mediante contacto telefónico con la madre a los 6 meses tras el parto.

A ambos grupos los seguiremos en el tiempo mediante la asistencia a las distintas visitas a consulta de niño sano, considerando como última la vacunación a los 6-7 años, de donde obtendremos los percentiles de peso, talla y la aparición de comorbilidades asociadas con la obesidad infantil

Material y métodos

- POBLACIÓN

La población diana del estudio estaría constituida por el conjunto de niños/as nacidos en el Hospital de Jerez durante el segundo semestre de 2011 hasta que cumplieran la edad de 6 años, es decir, la primera infancia.

El criterio para establecer este intervalo de edad es, además de la necesidad de estudios sobre el tema, la mayor facilidad para obtener los datos necesarios, pues a partir de entonces los exámenes de salud son a demanda y no están protocolizados como ocurre hasta esta edad según el calendario vacunal andaluz.

Además pretendemos analizar la situación en la primera infancia para no alargar y dificultar más aún el ya de por si costoso estudio.

No encuentramos ningún criterio de exclusión salvo la muerte del niño por motivos ajenos al problema de salud que nos ocupa.

- MUESTRA

Vendrá dada por las características maternas que más se acercan al perfil general de la población a estudio, es decir, las madres deberán poseer las siguientes características:

- IMC normal,

- edad comprendida entre 20-35 años,
- caucásicas,
- primigestas,
- embarazo a término, de bajo riesgo y controlado,
- sin patología previa,
- sin hábitos tóxicos,
- nivel socioeconómico medio/bajo.

Los hijos de dichas mujeres se asignarán a uno u otro grupo dependiendo del tipo de lactancia seguida en los 6 primeros meses de vida (exclusiva/natural o mixta/artificial)

- DISEÑO

Diseño epidemiológico analítico observacional, de tipo prospectivo con el que se pretende demostrar el carácter preventivo de la

LM en cuanto al desarrollo posterior de obesidad infantil.

- INSTRUMENTOS DE MEDIDA

→ Báscula para medir el peso

→ Medidor de talla

→ Entrevista con la madre para determinar:

- tipo de lactancia,
- hábitos de vida familiares,
- historia familiar de obesidad y
- comorbilidades.

- MEMORIA ECONÓMICA

Matrona...................................1700 Euros/mes

Enfermera tocología.................1400 Euros/mes

Gastos telefónicos............................300 Euros

Enfermera EBAP........................1500 Euros/mes

Báscula..15 Euros

Tallímetro..10 Euros

Material papelería............................100 Euros

Trípticos informativos.....................300 Euros

- RECURSOS

Los recursos necesarios para la puesta en marcha del estudio se clasifican en:

1. Recursos humanos:

→ Una matrona que durante el puerperio inmediato se encargue de fomentar la LM y una enfermera del servicio de tocología que la siga apoyando y reforzando durante el resto de la estancia hospitalaria.

→ Una vez fuera del hospital podrá necesitar apoyo para la instauración satisfactoria y prolongada de la LM, para lo que contará con la matrona del centro de Salud de referencia y los grupos de apoyo de la lactancia.

→ Una enfermera EBAP será la encargada de controlar las visitas a niño sano, comparar percentiles de peso, talla y observar la aparición de comorbilidades asociadas a un posible problema de obesidad.

2. Recursos materiales:

→ Báscula

→ Tallímetro

→ Ficha personal de la puérpera/niño

con:

    a. datos personales
       (teléfono),
    b. breve entrevista sobre:
       1. la historia familiar
         de obesidad y
       2. hábitos de vida,
    c. peso y talla del RN,
    d. deseo de lactar y
    e. de estar incluida en el
       estudio. (Anexo 1)

→ Tríptico y material por escrito donde se informe de los beneficios de la LM, forma correcta de amamantar, problemas más frecuentes y manera de solucionarlos.

Este soporte se entregará en paritorio tras dar a luz y estará reforzado verbalmente. (Anexo 2)

→ Sala espaciosa donde poder reunir a las madres la mañana del alta para resolver dudas sobre LM, si existieran.

→ Consulta de Enfermería en Centro de Salud equipada con:

a) material de papelería,
b) ordenador para registrar datos y
c) teléfono desde donde poder contactar con las madres.

- TEMPORALIZACIÓN

→ <u>Duración del diseño</u>

El tiempo necesario para poner en marcha el estudio y evaluar los resultados obtenidos es de aproximadamente 7 años.

Durante los 6 primeros meses realizaríamos la intervención y determinaríamos los grupos a estudiar.

Seguidamente realizaríamos el seguimiento según el calendario del S.A.S. de visitas a consulta y vacunaciones, que en este caso tomamos como última la de los 6-7 años.

→ Tiempos en la intervención

La matrona en el postparto inmediato preguntará acerca del deseo de lactar y en caso afirmativo colocará al RN al pecho explicando todas las dudas y los puntos de un folleto informativo que se dará a todas las puérperas (30 minutos)

Posteriormente la enfermera de tocología reforzará del mismo modo la lactancia y corregirá posibles errores y dudas durante una sesión dedicada a ello y posteriormente a demanda de la puérpera (30 minutos).

La mañana del alta se reunirá a las madres para resolver últimas dudas (15 minutos)

Ya en la consulta de postparto con la matrona se volverá a reforzar la LM y se ofrecerá soluciones ante problemas concretos a demanda (15 minutos)

→ ¿Cuándo utilizar los instrumentos de medición?

Entrevistaremos a las candidatas de manera que no se interfiera demasiado el inicio de la lactancia en el postparto inmediato.

Utilizaremos los percentiles del peso y talla medidos al nacimiento y las de las visitas a niño sano y vacunaciones realizadas a los 2, 4, 6, 15 meses y a los 3 y 6 años en los centros de salud de referencia.

Asimismo, tendremos en cuenta los hábitos de vida y la historia familiar de obesidad medidas en la entrevista inicial realizada en el Hospital.

Referencias bibliográficas

→ Owen G.C., Martin RM, Whincup PH, Smith GD, Cook DG
Effect of infant feeding on the risk of obesity across the life course: a quantitative review of published evidence. Pediatrics. 2005 May; 115(5):1367-77

→ Mayer-Davis EJ, Rifas-Shiman SL, Zhou L, Hu FB, Colditz GA, Gillman MW
Breast-feeding and risk for childhood obesity: does maternal diabetes or obesity status matter? Diabetes Care. 2006 Oct; 29(10):2231-7

→ Owen CG, Martin RM, Whincup PH, Davey-Smith G, Gillman MW, Cook DG. *The effect of breastfeeding on mean body mass index throughout life: a quantitative review of published and unpublished observational evidence.* Am J Clin Nutr. 2005 Dec; 82(6):1298-307

→ Li C, Kaur H, Choi WS, Huang TT, Lee RE, Ahluwalia JS.
Additive interactions of maternal prepregnancy BMI and breast-feeding on childhood overweight. Obes Res. 2005 Feb;13(2):362-71

→ Baker JL, Michaelsen KF, Rasmussen KM, Sorensen TI
Maternal prepregnant body mass index, duration of breastfeeding, and timing of complementary food introduction are associated with infant weight gain.
Am J Clin Nutr. 2004 Dec;80(6):1579-88

→ Bogen DL, Hanusa BH, Whitaker RC
The effect of breast-feeding with and without formula use on the risk of obesity at 4 years of age. Obes Res. 2004 Sep;12(9):1527-35.

→ Li R, Jewell S, Grummer-Strawn L
Maternal obesity and breast-feeding practices.
Am J Clin Nutr. 2003 Apr;77(4):931-6

→ Oddy WH, Li J, Landsborough L, Kendall GE, Henderson S, Downie J.
The association of maternal overweight and obesity with breastfeeding duration.

J Pediatr. 2006 Aug;149(2):185-91

→ Taveras EM, Scanlon KS, Birch L, Rifas-Shiman SL, Rich-Edwards JW, Gillman MW
*Association of breastfeeding with maternal control of infant feeding at age 1 year.*Pediatrics. 2004 Nov;114(5):e577-83. Epub 2004 Oct 18.

→ Hediger ML, Overpeck MD, Kuczmarski RJ, Ruan WJ.
Association between infant breastfeeding and overweight in young children.
JAMA. 2001 May 16;285(19):2453-60.

→ Grummer-Strawn LM, Mei Z; Centers for Disease Control and Prevention Pediatric Nutrition Surveillance System
Does breastfeeding protect against pediatric overweight? Analysis of longitudinal data from the Centers for Disease Control and Prevention

Pediatric Nutrition Surveillance System.
Pediatrics. 2004 Feb;113(2):e81-6

→ Burke V, Beilin LJ, Simmer K, Oddy WH, Blake
KV, Doherty D, Kendall GE, Newnham JP, Landau
LI, Stanley FJ
*Breastfeeding and overweight: longitudinal
analysis in an Australian birth cohort.* J Pediatr.
2005 Jul;147(1):56-61

→ Kalies H, Heinrich J, Borte N, Schaaf B, von
Berg A, von Kries R, Wichmann HE, Bolte G; LISA
Study Group.
*The effect of breastfeeding on weight gain in
infants: results of a birth cohort study.* Eur J Med
Res. 2005 Jan 28;10(1):36-42. Links

→ Sadauskaite-Kuehne V, Ludvigsson J, Padaiga
Z, Jasinskiene E, Samuelsson U.
*Longer breastfeeding is an independent
protective factor against development of type 1*

diabetes mellitus in childhood. Diabetes Metab Res Rev. 2004 Mar-Apr;20(2):150-7.

→ Summerbell CD, Waters E, Edmunds LD, Kelly S, Brown T, Campbell KJ. *Intervenciones para prevenir la obesidad infantil* (Revisión Cochrane traducida). En: *La Biblioteca Cochrane Plus*, 2007 Número 1. Oxford: Update Software Ltd. Disponible en: http://www.update-software.com. (Traducida de *The Cochrane Library*, 2007 Issue 1. Chichester, UK: John Wiley & Sons, Ltd.).

→ (1) Joan Gil. *Peor calidad de vida en los niños con sobrepeso y obesidad* (Revisión Cochrane). En: La bilioteca Cochrane Plus, 2005 Número 2

→ (2) Kramer MS, Kakuma R *Duración óptima de la lactancia materna exclusiva* (Revisión Cochrane traducida). En: *La Biblioteca Cochrane Plus*, 2007 Número 1. Oxford: Update Software

Ltd. Disponible en: http://www.update-software.com. (Traducida de *The Cochrane Library*, 2007 Issue 1. Chichester, UK: John Wiley & Sons, Ltd.).

→ *La lactancia materna.* Josefa Aguayo Maldonado. Publicaciones de la Universidad de Sevilla. Ed 1ª 2001

ANEXOS

N° 1 FICHA PERSONAL ½

Nombre y apellidos madre:

Edad:

Peso (previo//ganado):   /

Talla:

Paridad:

¿A término?

Nombre y apellidos de RN:

Fecha de nacimiento: /   /

Peso:

Talla:

Domicilio:

Población:

Teléfono de contacto:

¿Desea lactar?

SI   NO

Antecedentes familiares de obesidad y comorbilidades

Hábitos de vida familiar

Ejercicio/Sedentarismo

Hábitos tóxicos

Tras ser informada sobre el estudio:
LACTANCIA MATERNA COMO FACTOR
PREVENTIVO DE OBESIDAD INFANTIL por mi
matrona, deseo formar parte del mismo y
autorizo a que se utilicen mis datos con tal fin.

Informada
por:...(matron
a)

Firmado:
....(madre)

FICHA PERSONAL   2/2

Nombre del niño:

TRAS 6 MESES:

Lactancia materna/exclusiva

Lactancia artificial/mixta

Momento introducción alimentación
complementaria: ....meses

SEGUIMIENTO

	PESO (Kg.)	TALLA (cm.)	COMORBILIDADES ASOCIADAS
NACIMIENTO			
2 MESES			
4 MESES			
6 MESES			
15 MESES			
3 AÑOS			
6 AÑOS			

OBSERVACIONES:

N°2 MATERIAL DE APOYO A LA LACTANCIA MATERNA

¿POR QUÉ LACTANCIA MATERNA?

Une a la madre y al bebé

La leche materna es el mejor alimento que una madre puede ofrecer a su bebé recién nacido. No sólo considerando su composición, sino también en el aspecto emocional, ya que el vínculo afectivo que se establece entre una madre y su bebé amamantado constituye una experiencia especial, singular e intensa.

Existen sólidas bases científicas que demuestran que la lactancia materna es beneficiosa para los bebés, para las madres y para la sociedad, en todos los países del mundo.

Protege al bebé de enfermedades

La leche materna contiene todo lo que el bebé necesita durante los primeros meses de vida. Protege frente a muchas enfermedades tales como catarros, bronquiolitis, neumonía, diarreas, otitis, meningitis, infecciones de orina, enterocolitis necrotizante o síndrome de muerte súbita del lactante, mientras el bebé está siendo amamantado; pero también le protege de enfermedades futuras como asma, alergia, obesidad; enfermedades inmunitarias como la diabetes, la enfermedad de Crohn o la colitis ulcerosa; aterioesclerosis o infarto de miocardio en la edad adulta y también favorece el desarrollo intelectual.

Ayuda a la recuperación después del parto

Los beneficios de la lactancia materna también se extienden a la madre. Las mujeres que amamantan pierden el peso ganad durante el embarazo más rápidamente y es más difícil que padezcan anemia tras el parto, también tienen menos riesgo de hipertensión y depresión postparto. La osteoporosis y los cánceres de mama y de ovario son menos frecuentes en aquellas mujeres que amamantaron a sus bebés.

Es ecológica, higiénica y económica

Desde otro punto de vista, la leche materna es un alimento ecológico, puesto que no necesita fabricarse, envasarse ni transportarse, con lo que ahorra energía y se evita la contaminación del medio ambiente. También es económica para la familia, que puede ahorrar cerca de 600 euros en alimentación en un año. Además, debido a la menor incidencia de enfermedades, las niñas y niños amamantados ocasionan menos gasto a sus familias y a la sociedad en medicamentos y utilización de servicios sanitarios y originan menos pérdidas por absentismo laboral de sus progenitores.

Por todas estas razones y de acuerdo con la Organización Mundial de la Salud (OMS) y la Academia Americana de Pediatría (AAP), el Comité de Lactancia de la Asociación Española de Pediatría recomienda la alimentación exclusiva al pecho durante los seis primeros meses de vida del bebé y continuar con el amamantamiento junto con las comidas complementarias adecuadas hasta los 2 años de edad o más.

El comienzo
Inicie la lactancia lo antes posible

Es importante que se ofrezca el pecho a los bebés precozmente, a ser posible en la primera media hora de vida tras el parto. Después de la primera media hora, el recién nacido suele quedar adormecido unas horas. Durante ese tiempo, es recomendable que el bebé permanezca junto a su madre aunque no muestre interés por mamar y que se estimule el contacto piel con piel entre ambos. Así, puede ofrecerse el pecho tan pronto como se observe que el bebé está dispuesto a mamar (movimientos de la boca buscando el pezón, hociqueo...) y no solamente cuando llore. El llanto es un signo tardío de hambre.

¿Sólo pecho?

Cualquier mujer puede amamantar a su bebé

Cualquier mujer puede ser capaz de alimentar a su bebé exclusivamente con su leche. No tiene importancia el tamaño del pecho para la producción de leche. Por otra parte, las causas que contraindican la lactancia materna (algunas enfermedades o medicamentos...) son muy raras, casi excepcionales. Hoy en día, casi todas las enfermedades maternas tienen algún tratamiento que se puede hacer sin tener que suspender la lactancia materna (consule a su pediatra).

No se preocupe por la calidad de la leche.

Aunque su aspecto varíe, la calidad no se altera.

El principal estímulo que induce la producción de la leche es la succión del bebé, por lo tanto, cuantas más veces se agarra el bebé al pecho de la madre y cuanto mejor se vacíe éste, más leche se produce. La cantidad se ajusta a lo que el bebé toma y a las veces que vacía el pecho al día. La calidad también varía con las necesidades del bebé a lo largo del tiempo. Durante los primeros días, la leche es más amarillenta (calostro) y contiene mayor cantidad de proteínas y sustancias antiinfecciosas; posteriormente aparece la leche madura. Su aspecto puede parecer aguado sobre todo al principio de la toma ya que es hacia el final de la misma cuando va aumentando su contenido en grasa. Sin embargo, no existe leche materna de baja calidad; ésta siempre es adecuada para el bebé y es todo cuanto necesita.

No utilice chupetes, biberones ni pezoneras

Es importante, sobre todo al principio, que no se ofrezcan al bebé chupetes ni biberones. Una tetina no se chupa de la misma forma que el pecho, por lo que algunos bebés pueden confundirse y posteriormente agarrar el pecho con menos eficacia (se utiliza distinta musculatura de succión con el chupete y el biberón que en el proceso de succión del pecho). Esto puede ser la causa de problemas tales como grietas en el pezón, mastitis y falta de leche a la larga. Tampoco es recomendable utilizar pezoneras. Las grietas surgen porque el bebé se agarra mal al pecho, así que lo importante es corregir la postura (pida ayuda al personal experto en lactancia). El uso de pezoneras acorta la duración de la lactancia y además la hace muy incómoda.

El recién nacido no necesita beber agua, le basta con la leche materna

Un bebé sano no necesita más líquidos de los que obtiene de la leche de su madre, no es necesario ni recomendable ofrecer agua ni soluciones de suero glucosado. Antes de dar suplementos o cualquier alimento distinto de la leche materna es conveniente consultar con su pediatra.

DURACIÓN Y FRECUENCIA DE LAS TOMAS

El tiempo que cada bebé necesita para completar una toma es diferente para cada bebé y cada madre. También varía según la edad del bebé y de una toma a otra. Además, la composición de la leche no es igual al principio y al final de la toma, ni en los primeros días de vida ni cuando el bebé tiene seis meses. La leche del principio es más aguada, pero contiene la mayor parte de las proteínas y los azúcares; la leche del final de la toma es menos abundante, pero tiene más calorías (el contenido en grasas y vitaminas es mayor). Tanto el número de tomas que el bebé realiza al día, como el tiempo que invierte en cada una, es muy variable. Por tanto no hay que establecer reglas fijas. Es mejor ofrecer el pecho "a demanda". Un bebé puede desear mamar a los quince minutos de haber realizado una toma o por el contrario tardar más de cuatro horas en pedir la siguiente, aunque al principio durante los primeros 15 o 20 días de vida, es conveniente intentar que el bebé haga al menos unas 8-12 tomas a las 24 horas. Tampoco es aconsejable que la madre o quienes la acompañan limiten la duración de cada toma, el bebé es el único que sabe cuándo se ha quedado satisfecho y para ello es importante que haya tomado la leche del final. Lo ideal es que la toma dure hasta que sea el bebé quien suelte espontáneamente el pecho.

Algunos bebés obtienen cuanto necesitan de un solo pecho y otros toman de ambos. En este último caso, es posible que el bebé no vacíe completamente el último, por lo que la toma siguiente deberá iniciarse en éste. Lo importante no es que el bebé mame de los dos pechos sino que se vacíe completa y alternativamente cada uno de ellos, para evitar que el acumulo de leche pueda ocasionar el desarrollo de una mastitis y para que el cuerpo de la madre acople la producción de leche a las necesidades de su bebé. Por ello, se recomienda permitir al bebé terminar con un pecho antes de ofrecer el otro.

Aunque el bebé tome el pecho muy a menudo o permanezca mucho tiempo agarrado en cada toma, ello no tiene porqué facilitar la aparición de grietas en el pezón si la posición y el agarre del bebé son correctos.

POSICIÓN Y AGARRE DEL BEBÉ AL PECHO

La mayoría de los problemas con la lactancia materna se deben a una mala posición, a un mal agarre o a una mala combinación de ambos. Una técnica correcta evita la aparición de grietas en el pezón.

Tomar el pecho es diferente que tomar el biberón; la leche pasa de la madre al bebé mediante la combinación de una expulsión activa (reflejo de eyección o subida de la leche) y una extracción activa por parte del bebé (la succión del bebé). El bebé, para una succión efectiva del pecho, necesita crear una tetina con éste, la cual está formada aproximadamente por un tercio de pezón y dos tercios de tejido mamario. En la succión del pecho, la lengua del bebé ejerce un papel fundamental, siendo el movimiento de la lengua, en forma de ondas peristálticas (de delante hacia atrás), el que ejerce la función de ordeñar los senos galactóforos, que es donde se acumula la leche una vez que ésta se ha producido. Para que esto sea posible, el recién nacido tiene que estar agarrado al pecho de forma eficaz.

Madre y bebé, independientemente de la postura que se adopte (sentada, echada...), deberían adoptar un aposición cómoda y muy próxima, preferiblemente con todo el cuerpo del bebé en contacto con el de la madre (ombligo con ombligo). Una mala posición puede ser la responsable de molestias y dolores de espalda. El agarre se facilita colocando al bebé girado hacia la madre, con su cabeza y cuerpo en línea recta, sin tener el cuello torcido o excesivamente flexionado o extendido, con la cara mirando hacia el pecho y la nariz frente al pezón. En posición sentada, es conveniente que la madre mantenga la espalda recta y las rodillas ligeramente elevadas, con la cabeza del bebé apoyada en su antebrazo, no en el hueco del codo. Es útil también dar apoyo a las nalgas del bebé y no sólo a su espalda.

Una vez que el bebé está bien colocado, la madre puede estimularle para que abra la boca rozando sus labios con el pezón y a continuación, desplazarle suavemente hacia el pecho. El bebé se prenderá más fácilmente si se le acerca desde abajo, dirigiendo el pezón hacia el tercio superior de su boca, de manera que pueda alcanzar el pecho inclinando la cabeza ligeramente hacia atrás. Con esta maniobra, la barbilla y el labio inferior tocarán primero el pecho, mientras el bebé tiene la boca bien abierta. La intención es que éste introduzca en su boca tanto pecho como sea posible y coloque su labio inferior alejado de la base del pezón. En caso de pechos grandes, puede ser útil sujetarse el pecho por debajo, teniendo la precaución de hacerlo por su base, junto al tórax, para que los dedos de la madre no dificulten el agarre del bebé al pecho. De la misma forma, hay que tener la precaución de evitar que el brazo del bebé se interponga entre éste y la madre.

Si el bebé está bien agarrado, su labio inferior quedará muy por debajo del pezón y buena parte de la areola dentro de su boca, la cual estará muy abierta. Casi siempre es posible observar que queda más areola visible por encima del labio superior que por debajo de su labio inferior. La barbilla del bebé toca el pecho y sus labios están evertidos (hacia fuera). De esta forma se asegura que el pecho se mantenga bien dentro de la boca del bebé y que los movimientos de succión y ordeño sean eficaces. Normalmente se nota que el bebé trabaja con la mandíbula, cuyo movimiento rítmico se extiende hasta sus orejas, y que sus mejillas no se hunden hacia dentro sino que se ven redondeadas. Cuando el bebé succiona de esta manera la madre no siente dolor ni siquiera cuando tiene grietas.

Tampoco es conveniente presionar el pecho con los dedos haciendo la pinza (como quien sujeta un cigarrillo) ya que con esta maniobra se estira el pezón y se impide al bebé acercarse los suficiente para mantener el pecho dentro de su boca. Si la nariz está muy pegada al pecho puede que la cabeza se encuentre demasiado flexionada. Bastará desplazar al bebé ligeramente en dirección hacia el otro pecho para solucionar el problema.

En el caso de madres con pezones planos, la succión del bebé es suficiente para crear una tetina con el pecho, como ya se ha explicado, por lo que el uso de pezoneras no resulta necesario en la mayoría de los casos.

OTRAS RECOMENDACIONES

La única higiene que necesita el pecho materno es la que se realiza con la ducha diaria. Después de cada toma no es necesario lavar los pechos con jabón, tan sólo secarlos.

Posteriormente pueden ser útiles discos absorbentes, cambiándolos tantas veces como sea necesario.

La madre no necesita variar sus hábitos de comida o de bebida. Es posible que la madre tenga más sed, pero no es necesario beber a la fuerza. Sólo en el caso de alergias podría ser necesario suprimir algún alimento de la dieta de la madre.

Un trabajo duro o estresante puede interferir con la lactancia materna, de modo que resulta muy beneficiosa cualquier ayuda que pueda ofrecerse a la madre para descargarla de otro tipo de tareas, bien por parte de su pareja u otros miembros de la familia. La ayuda, el apoyo y la comprensión de la pareja y de otras personas de su entorno (especialmente mujeres) son elementos esenciales para el buen desarrollo de la lactancia.

En algunas ocasiones, puede ser útil que ella aprenda a extraerse la leche, bien para guardarla y que alguien alimente al bebé cuando ella no pueda hacerlo, o bien para aliviar las molestias producidas por un acúmulo de leche excesivo en periodos en los que el apetito del bebé disminuye, evitando así que se produzca una mastitis. La extracción de la leche puede hacerse de manera manual o mediante sacaleches (consulte a personal experto en lactancia). La leche materna puede conservarse en frigorífico 5 días y congelada entre 3-6 meses en función de la temperatura.

Si la madre es fumadora, este es un buen momento para dejarlo. Si ello resulta imposible, es preferible fumar justo después de la toma y no hacerlo en presencia del bebé. Siempre será mejor que darle una leche artificial. Los bebés que permanecen en ambientes con humo tienen mayor incidencia de infecciones respiratorias agudas y de asma.

Lo mismo puede aplicarse la alcohol, aunque si la madre sólo bebe ocasionalmente y de forma moderada, probablemente no le costará ningún esfuerzo dejarlo por completo.

DIFICULTADES CON LA LACTANCIA

En algunos casos, la lactancia materna puede ser más difícil, pero no imposible, bien porque el bebé ha tomado ya biberones o ha usado chupete o pezoneras o a causa de algún problema específico: prematuriedad, gemelaridad, labio leporino, síndrome de Down... en estos casos, es conveniente que consulte a personal experto en lactancia.

Es posible alimentar con lactancia materna exclusiva a dos bebés gemelos. En este caso, el estímulo de la succión será doble y por tanto hará doble producción de leche. Durante los primeros días, es probable que resulte más cómodo dar de mamar a ambos bebés a la vez, para lo cual es conveniente aprender y probar diferentes posiciones que permiten hacerlo cómodamente con ayuda de almohadas.

Posteriormente, puede ofrecerse el pecho a cada bebé de forma sucesiva. Puede haber mayor dificultad para la lactancia materna exclusiva y probablemente la madre necesitará más ayuda, cuando tienen más de dos bebés gemelos.

En los partos mediante cesárea, la subida de la leche suele demorarse un poco más por lo que es importante ofrecer el pecho lo más precozmente posible, que el bebé esté junto a su madre en contacto piel con piel y que se le permita agarrarse al pecho cuando muestre signos de querer mamar. Puede ser útil amamantar en la cama de costado para disminuir las molestias ocasionadas por las suturas. No es necesario ofrecer al bebé suplementos durante los primeros días ya que ello puede perjudicar la normal instauración de la lactancia materna.

Las técnicas y conocimientos acerca de la lactancia materna también están disponibles en nuestra Comunidad Autónoma, donde existen grupos de apoyo a la lactancia en los que las madres con experiencia pueden ayudar a otras mujeres a resolver problemas o dificultades y a amamantar con éxito, complementando así la asistencia proporcionada por personal sanitario.

BIBLIOGRAFÍA RECOMENDADA

1. Lactancia Materna: Guía para profesionales. Comité de Lactancia Materna de la Asociación Española de Pediatría (AEP). Colección de Monografías de la AEP nº 5, edición 2004 (disponible en la web de la AEP)
2. La Lactancia Materna en Andalucía. Josefa Aguayo Maldonado, et al., Consejería de Salud, Sevilla, 2005.
3. Medicamentos y Lactancia Materna. Thomas W. hale. Ed. Emisa, 2004

4. Antes de tiempo. Nacer muy pequeño. Carmen R. pallás, Javier de la Cruz. Exlibris ediciones, 2004

5. La lactancia Materna. Josefa Aguayo Maldonado (ed). Universidad de Sevilla, Secretariado de publicaciones, 2001

6. Alimentación infantil. Fisher C. ed. Tikal, 1996.

7. Dar el pecho es lo mejor. Zeib, G. Ed. Tikal.

8. Cómo amamantar a tu bebé. Kitzinger S. Ed. Interamericana, Madrid, 1989.

9. El gran libro de la lactancia. Marvin S. Eiger, M.D. Wendkos Olds S. Ed. Médici, Barcelona 1989.